監修・写真 KAGAYA
文 山下美樹

星空写真家
KAGAYA 月と星座

月

監修・写真 KAGAYA
文 山下美樹

金の星社

はじめに

夜空は宇宙を見わたす窓のようなものです。
まだまだなぞが多い広大な宇宙は、
たくさんのおどろきに満ちています。
月や星について知ると、
これからの人生の楽しみも増えることでしょう。
夜空はこれからもずっとみなさんの上に
広がっているのですから。
夜空を見上げることは、
とてもかんたんでだれにでもできます。
もし興味を持たれたら、この本を片手に
ぜひ夜空を見上げてみてください。

星空写真家 KAGAYA

もくじ

満月 ——————————————— 4

　月の色と大きさ ————————— 6

月の満ち欠け —————————— 8

　月の形と名前 ————————— 10

　いろいろな形の月 ——————— 12

三日月 —————————————— 14

月の動き ————————————— 16

　月の出・月の入りの時間帯 ——— 16

　季節による見え方のちがい ——— 17

月食 ——————————————— 18

　月食のしくみと種類 —————— 20

　月食の観察 —————————— 22

日食 ——————————————— 24

　日食のしくみと種類 —————— 28

　日食の観察 —————————— 29

月光がつくる現象 ———————— 30

月のすがた ———————————— 32

　月面図 ———————————— 34

　双眼鏡・望遠鏡で月を見るには — 35

月と地球 ————————————— 36

KAGAYAさんに聞く!

月の撮り方 ———————————— 38

ハルニレの木と月 （2018.年 北海道）

※写真の（ ）内には、撮影年・撮影場所を記しています。

満月 Full Moon

　満月は、およそひと月に一度見られる、まん丸な月です。太陽・地球・月の順でほぼ一直線にならぶときに見ることができます。満月は太陽と反対の方向に見えるので、太陽が西の空にしずむ夕暮れどきに、東の空からのぼります。満月と聞いて、「十五夜」のお月見を連想する人もいるでしょう。これは、月の満ち欠けで1か月を決める昔の暦のなごりで、15日目がほぼ満月になるためです。

のぼる十五夜の月と飛行機（2017年 東京都）

月の色と大きさ

　月の色は、白や赤、オレンジ色など、そのときどきでちがって見えます。また、遠くに小さく見えるときもあれば、建物の合間からハッとするほど大きく見えるときもあります。月の色や大きさがちがって見えるのは、なぜでしょうか。

赤やオレンジ色に見える月

　月は、低い空では赤やオレンジ色に、高い空では白っぽく見えます。この現象は、月の光が地球の大気を通る距離に関係しています。下の図のように、月が低いところにあり、大気を通る距離が長くなるほど、赤やオレンジ色が強く見えます。夕焼けのときに空が赤くそまって見えるのも同じ現象です。

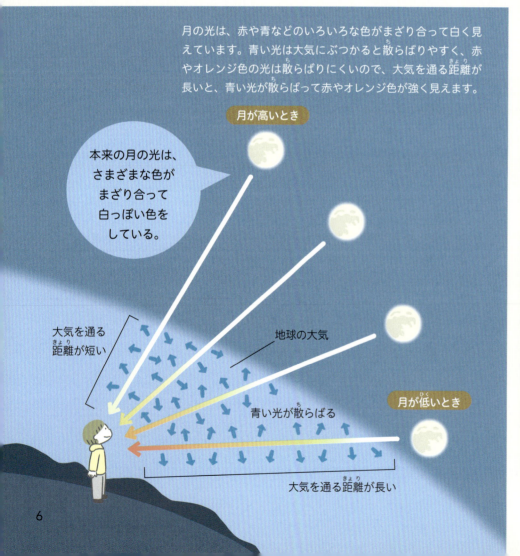

月の光は、赤や青などのいろいろな色がまざり合って白く見えています。青い光は大気にぶつかると散らばりやすく、赤やオレンジ色の光は散らばりにくいので、大気を通る距離が長いと、青い光が散らばって赤やオレンジ色が強く見えます。

月の高さと大きさ

　低い空にある月は大きく、高い空にある月は小さく見える場合があります。しかし、それは目の錯覚です。月の大きさが高さによって変わることはありません。「低い空にあるときは、まわりのものとくらべるから」など、いろいろな説がありますが、はっきりした理由はわかっていません。

月までの距離と大きさ

　同じ日に見る月に大きさのちがいはありませんが、一年を通して見くらべると、地球から見た月の大きさはわずかに変化しています。月が地球のまわりをまわっていて、その軌道が正円ではなくだ円だからです。天文学用語ではありませんが、その年で最大の満月をスーパームーンと呼ぶこともあります。

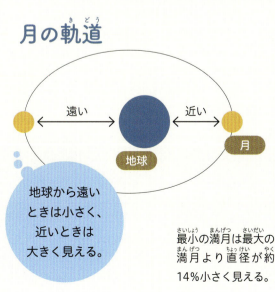

月の大きさは、うでをのばして5円玉を持ったときの穴とだいたい同じです。同じ日の、月が高い位置にあるときと低い位置にあるときで、大きさが変わらないことを確かめてみましょう。

月の軌道

遠い ← → 近い
地球　月

地球から遠いときは小さく、近いときは大きく見える。

月が近いとき

月が遠いとき

最小の満月は最大の満月より直径が約14%小さく見える。

7

月の満ち欠け
Phases of the Moon

月は、太陽の光を反射して光っています。かがやいて見えるところが、太陽に照らされているところです。地球から見た太陽と月の位置は毎日少しずつ変わるので、月のかがやいて見える部分の形も変わります。この変化を、月の満ち欠けといいます。

五重塔と夜明けの細い月（2016年 岡山県）

月の形と名前

月には形や暦に合わせて名前がつけられています。まずは、光る面が見えない「新月」、丸く光る「満月」、半月である「上弦（右側が光る）」と「下弦（左側が光る）」を覚えましょう。

※新月から上弦、満月、下弦までの日数には、多少のずれが出ます。
※三日月、十六夜、小望月など暦の名がついた月は、新月からの日数が決まっていますが、形に多少のずれが出ます。

> 月は地球のまわりを約1か月かけてまわっています。月は太陽の光を反射させて地球上にいる私たちにそのすがたを見せているため、地球と太陽と月の位置関係が変わることで、月の形が満ちたり欠けたりして見えます。月の満ち欠けの周期は、平均約29.5日です。

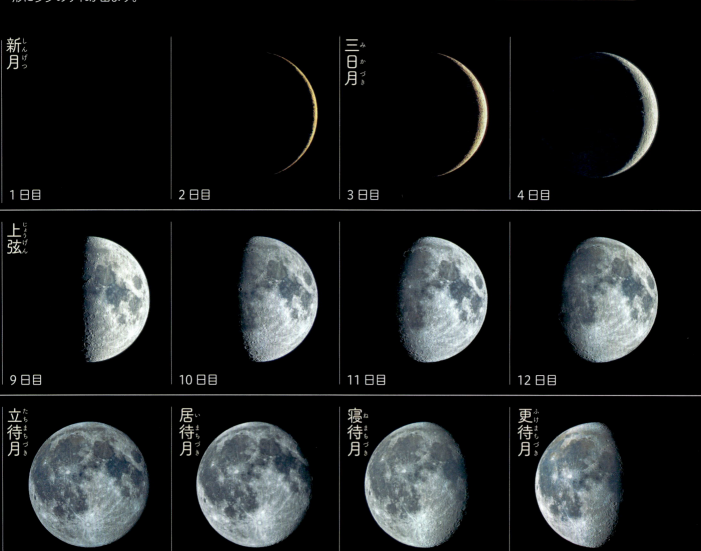

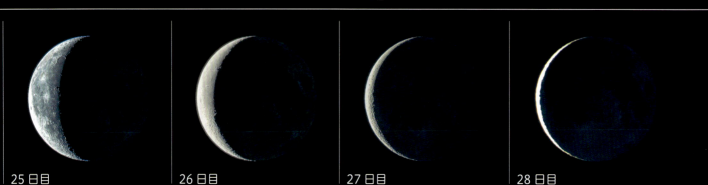

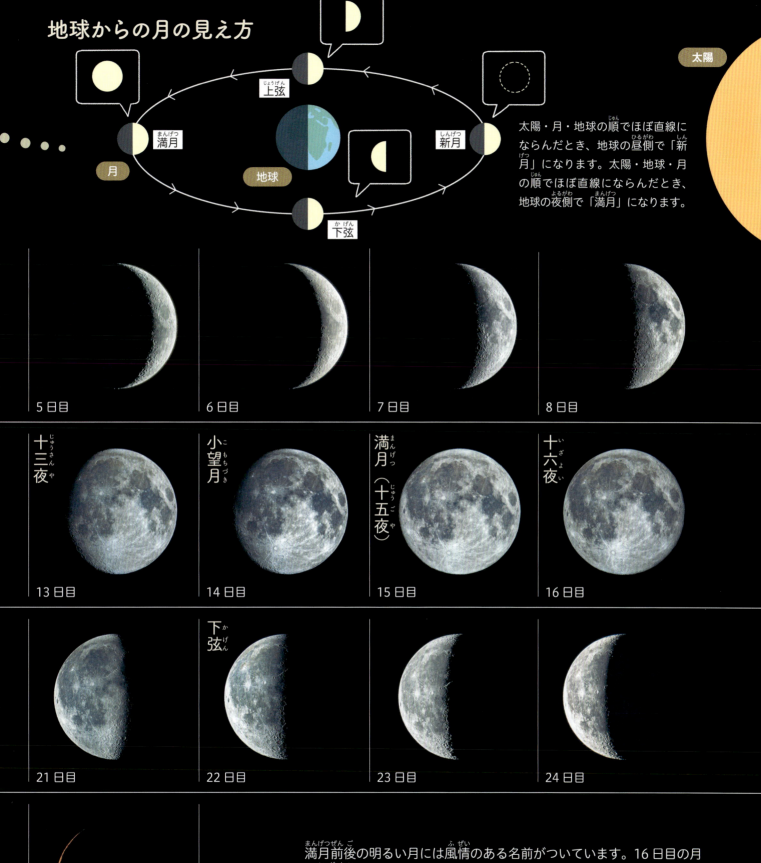

いろいろな形の月

毎日満ち欠けしていく月の観察を楽しみましょう。
今日の月はどんなすがたをしているでしょうか。

日没後にしずむ月（2023年 和歌山県・円月島）
蜃気楼によって、しずむ月の下にもうひとつ月があるように見える。

真夜中にのぼる下弦の月

明け方にのぼる 27 日目の月と
スカイツリー（2019 年 埼玉県）
大気の影響で形がゆがんで見えている。

日没後にのぼる寝待月

昼間の 12 日目の月

初夏の夕方の 5 日目の月

夜にしずむ上弦の月

三日月 Crescent Moon

　三日月は、新月から数えて3日目の月です。夕方に西の空で見つけることができます。三日月形は、満ち欠けする月のシンボルとして、昔からさまざまなデザインに使われてきました。実際に見える三日月は、デザインでよく見かけるものよりも、だいぶほっそりとしています。

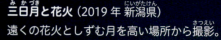

三日月と花火（2019年 新潟県）
遠くの花火としずむ月を高い場所から撮影。

三日月は、夕方の西の低い空に見える

　三日月を見るには、新月から数えて3日目の日にちと、その日の太陽がしずむ時刻を調べましょう。太陽がしずんだあと、夕焼けが残る西の低い空をさがすと見つかります。三日月は太陽を追うようにしずんでしまうため、見られるのは日没後のかぎられた時間です。

地球照のある三日月

夕暮れの三日月 (2015年 北海道)

地球の光に照らされる月

　三日月のような細い月をよく見ると、月の夜側のもようがうっすらと見えるときがあります。これは、地球の昼側で受けた太陽の光が反射し、月の夜側を照らすからです。この現象を「地球照」といいます。新月の前後4日ほどが見やすいでしょう。

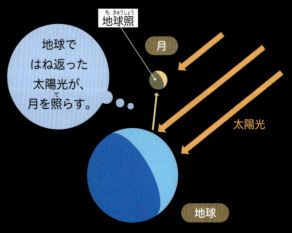

地球ではね返った太陽光が、月を照らす。

地球照　月　太陽光　地球

月の動き
Movement of the Moon

月は東の空からのぼり、南の空で高くなり、西の空にしずみます。このように月が動いて見えるのは、地球が1日に1回、地軸を中心にコマのようにまわっているからです。地球のこのような動きを「自転」といいます。

月の出・月の入りの時間帯

三日月　朝に東の空からのぼり、昼に南の空で最も高くなり、夕方に西の空へしずみます。

東　南　西

上弦　昼に東の空からのぼり、夕方に南の空で最も高くなり、夜中に西の空へしずみます。

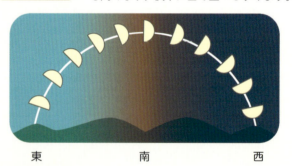

東　南　西

満月　夕方に東の空からのぼり、夜中に南の空で最も高くなり、朝に西の空へしずみます。

東　南　西

下弦　夜中に東の空からのぼり、朝に南の空で最も高くなり、昼に西の空へしずみます。

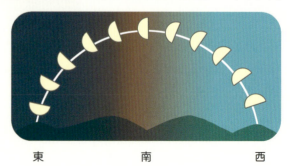

東　南　西

季節による見え方のちがい

　地球は太陽のまわりを1年かけてまわっています。月はその地球のまわりをまわっています。地球の同じ場所から見ると、季節によって月の位置は変わって見えますが、これは地球が少しかたむいて太陽のまわりをまわっているからです。

地球のかたむきと月の見え方

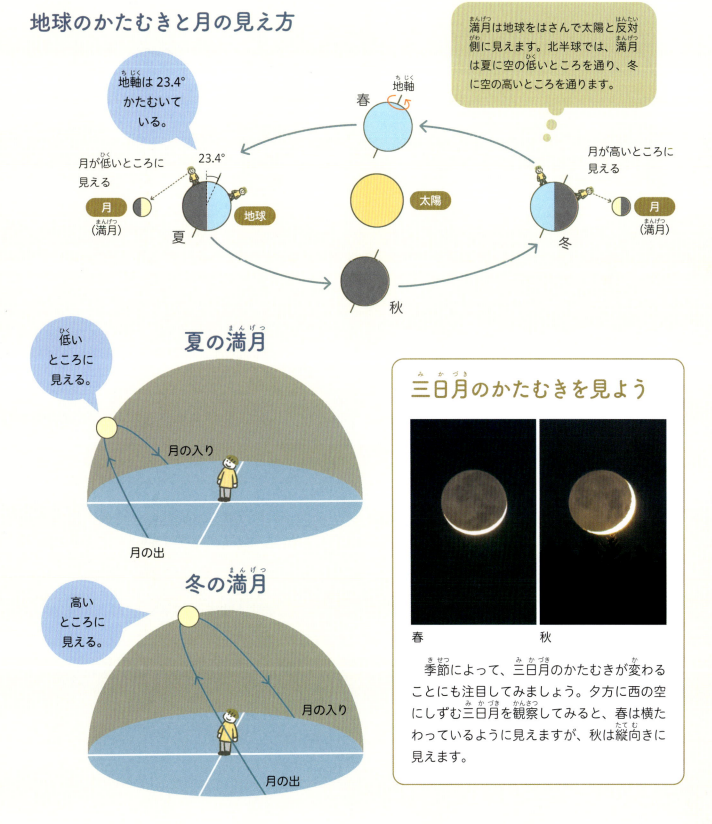

三日月のかたむきを見よう

　季節によって、三日月のかたむきが変わることにも注目してみましょう。夕方に西の空にしずむ三日月を観察してみると、春は横たわっているように見えますが、秋は縦向きに見えます。

部分月食と乗鞍岳（2021年 岐阜県）
月の出の前から月食が始まり、欠けた状態でのぼった月。

月食 Lunar Eclipse

月食は、地球のかげの中に月が入りこむことによって、まるで月が欠けたように見える現象です。毎日少しずつ形が変わる満ち欠けとちがい、数時間で月が満ち欠けするように見えます。月がすっぽりと地球のかげに入りこむ「皆既月食」では、まっ暗ではなく赤銅色にほんのりと光る、神秘的な月のすがたを楽しめます。

月食のしくみと種類

月食は、太陽・地球・月の順でほぼ一直線にならぶ満月のときに、地球のかげに月が入ることでおこります。月食には、地球のかげに月の一部が入る「部分月食」と、月の全体が入る「皆既月食」があります。

※満月のたびに月食がおこるわけではありません。それは、地球が太陽をまわる軌道と月が地球をまわる軌道の角度がちがうためです。

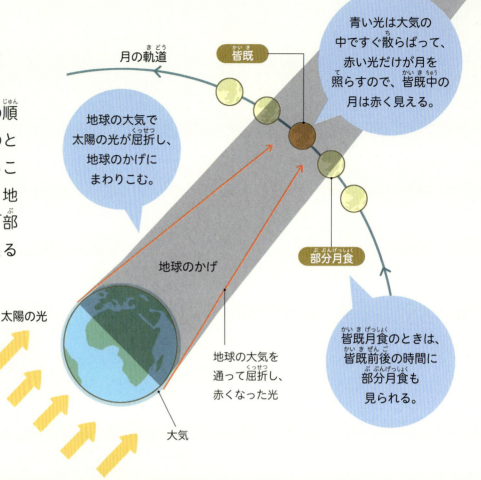

部分月食

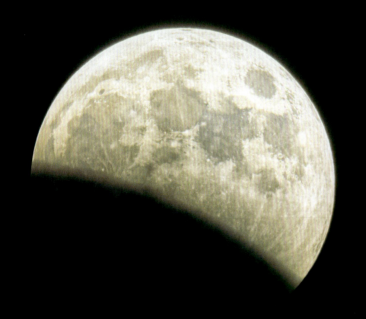

地球の大気の影響で、欠けぎわはぼやけている。

皆既月食

皆既中の色はいつも同じではない。地球の大気にチリが少ないと明るい色に、多いと暗い赤になる。

月食の観察

皆既月食の夜には、皆既の前後に部分月食も見られます。月食が始まる前から観察して、空の明るさの変化も体感してみましょう。また、月食のときの月の欠け方は、通常の満ち欠けの欠け方とはちがうことにも注目してみてください。

日本で見られる条件のよい皆既月食

日付	時間帯	方角
2026年3月3日	日没後	東
2029年1月1日	未明	空高く
2032年4月25日	夜更け	南
2032年10月19日	未明	西
2033年4月15日	未明	西低く
2033年10月8日	日没後	東低く
2037年1月31日	夜更け	空高く

NASA Eclipse Web Site のデータより抜粋

部分月食とスカイツリー（2014年 東京都）
皆既が終わり、満月にもどるとちゅうの月。

月食観察のポイント

皆既月食は始まってから終わるまで数時間かかります。ずっと観察できない場合は、ポイントをしぼって観察しましょう。まず、欠ける前の満月を確認しておきます。一番の見どころは皆既の前後です。月が細くなり、かがやきを失うにつれ、かげに入った部分はうっすら赤くなっていき、皆既になると赤銅色の満月がすがたをあらわします。皆既中は、月明かりで見えなかった星も見えてきます。時間があれば、満月にもどるところも確認してみてください。

皆既月食の経過

CHECK!
皆既に入る20分前ごろからが見どころ。月がどんどん細くなっていく。

皆既中

CHECK!
空の暗い場所なら、皆既の始まる前から暗い星も見えるようになる。

ハワイ島の月食（2019年 アメリカ・ハワイ島）
太陽がしずんだ直後の空にのぼる皆既前の月。
すでに大きく欠けている。

皆既月食の星空（2018年 沖縄県）
皆既中の赤い月と星空。月の左下に
ならぶのは地球に大接近中の火星。

日食 Solar Eclipse
にっ　しょく

　日食は、太陽と地球の間に月が入りこむことによって、まるで太陽が欠けていくように見える現象です。ふだんは丸い太陽が数時間でダイナミックに形を変えていくようすは、見ごたえがあります。とくに、月が太陽をすっぽりとおおいかくす「皆既日食」では、夜のように暗くなり、星が見えて、とても印象的な光景になります。

皆既日食のダイヤモンドリング（2010年 チリ・イースター島）
ダイヤモンドリングは、月のでこぼこした地形の谷間から太陽の光がダイヤモンドの指輪のようにかがやいて見える現象。皆既の前後の一瞬だけ見ることができる。

金環日食の経過（2019年 アメリカ・グアム島）
太陽の縁が金色のリングのように見える「金環日食」のようすを、5分おきに撮影して合成。

金環日食(2012年 埼玉県)
九州から関東にかけての広い地域で見られためずらしい金環日食で、金環は約5分続いた。くもり空の地域が多く、雲間からの観察となった。

部分日食の夕日(2019年 アメリカ・グアム島)
金環が終わったあと、欠けたまましずむ夕日。
日本では部分日食のみ見られた。

日食のしくみと種類

　日食は、太陽が最も欠けたときの見え方によって「部分日食」、「皆既日食」、「金環日食」に分けられます。部分日食は月のうすいかげ（半影）に入る地域で見え、皆既日食と金環日食は月のこいかげ（本影・擬本影）に入る地域で見えます。地球から見た太陽と月の大きさはほぼ同じですが、月はだ円の軌道で地球をまわるため、月が地球から近いときは皆既日食に、地球から遠いときは太陽の縁がリングのようにはみ出す金環日食になります。なお、皆既、金環は前後の時間に部分日食をともないます。

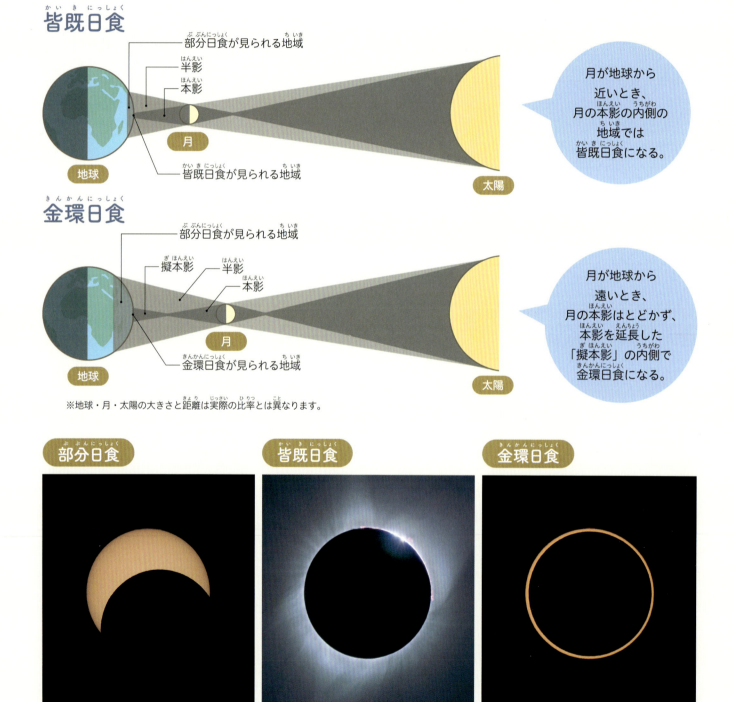

皆既日食の空（2017年 アメリカ）
皆既が始まる少し前から急に空が暗くなる。皆既が始まると、ふだん日中には見えない太陽のコロナや、星を見ることができる。

日食の観察

日食を見られるチャンスは、日本でもあります。右の表の太字になっているものは、日本でも見られる日食です。

太陽の光を直接見たり、カメラや望遠鏡などのレンズごしに見たりすると、目を痛め、最悪の場合は失明する危険があります。日食を観察するときは、必ず専用のオペラグラスや日食グラスを使いましょう。

これから見られる主な日食

日付	日食の種類	見える地域
2026年8月13日	皆既日食	北極付近、ヨーロッパ西部など
2027年2月7日	金環日食	南太平洋、南米、南大西洋など
2027年8月2日	皆既日食	アフリカ北部、インド洋など
2028年1月27日	金環日食	南米北部、大西洋など
2028年7月22日	皆既日食	インド洋、オーストラリア、ニュージーランドなど
2030年6月1日	**金環日食**	**日本**、ユーラシア大陸北部など
2035年9月2日	**皆既日食**	**日本**、中国など

国立天文台（NAOJ）webサイトより抜粋

月光がつくる現象
Colorful Moonlight

月虹（ムーンボウ）
昼間の虹と同じように、大気中の水滴で月の光が屈折したり反射したりすることであらわれる。肉眼では白っぽく見える。（2013年 アイスランド）

月光環
雲の中の水滴や花粉に月の光があたることであらわれる。

月光柱
上空にある氷の結晶に月の光が反射することで、月の上下に柱のような光があらわれる。

月光彩雲
雲の中の水滴にあたった月の光が、色ごとに分けられて虹色に見える。（2019年 山梨県）

月暈
うす雲の中にある氷の結晶が月の光を屈折させることで、光の環ができる。（2010年 北海道）

月のすがた

Face of the Moon

　望遠鏡で月をのぞくと、円形にくぼんだ無数の「クレーター」や、周囲より暗い「海」などが見えます。どちらも天体のしょうとつでできた地形です。遠くから見たときにウサギなどのもように見える部分は海です。月の海は、月が生まれたころにできた巨大クレーターを溶岩がうめたもので、地球の海のように水があるわけではありません。月の地形を観察するなら、月が欠けているときがおすすめです。欠けぎわの部分にはかげができて、でこぼこがきわ立って見えます。

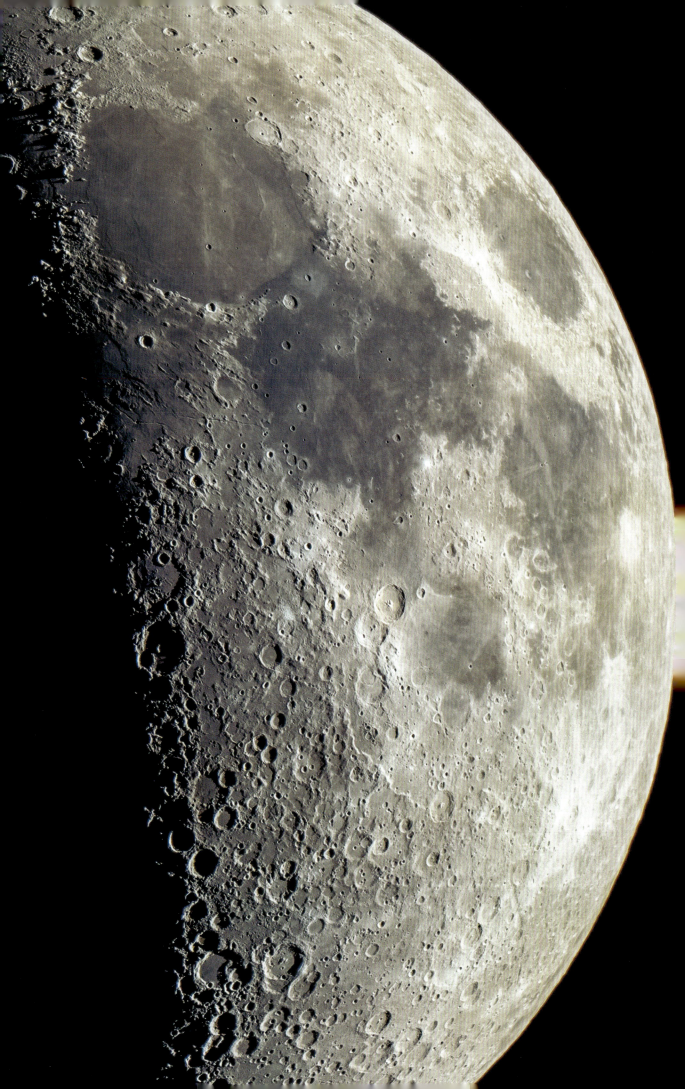

月面図

月の表面のクレーターや海などの地形には、ひとつずつ名前がつけられています。

タウルス山脈
クレオメデス
危難の海
豊かの海
スミス海
ラングレヌス
ペタヴィウス
レイタ谷
南の海

双眼鏡・望遠鏡で月を見るには

月の満ち欠けや月食の観察なら、肉眼でも十分楽しめます。ただ、クレーターを観察したい場合、双眼鏡や望遠鏡があると便利です。軽い双眼鏡なら、寝転んでも使えます。望遠鏡は双眼鏡より細かい部分まで拡大して見ることができます。目的に合わせて使い分けましょう。

双眼鏡は倍率6〜8倍で視界の広いものがおすすめ

レンズの直径（口径）は大きいほど見やすいですが、重いと観察しづらいため32〜42mm くらいがおすすめです。倍率は高くなるほどブレやすくなるので、6〜8倍くらいがよいでしょう。8倍なら大きなクレーターを確認できます。

双眼鏡で見た月のイメージ（8倍）

口径

望遠鏡は口径80mm 程度の「屈折式」がおすすめ

望遠鏡には、対物レンズで光を集める「屈折式」、凹面鏡で光を集める「反射式」などがあります。入門用なら口径60〜80mm の屈折式がおすすめです。特別な手入れは不要で、70〜200倍ならクレーターもはっきり見えます。

望遠鏡で見た月のイメージ（70倍）

望遠鏡の主な種類

屈折式
小型のものもあり、あつかいやすい。

反射式
大きな口径。手入れが必要。

月と地球
Moon and Earth

地球は太陽のまわりをまわっている「惑星」です。惑星のまわりをまわる天体を「衛星」とよび、月は地球の衛星です。月の大きさは地球の4分の1ほどです。惑星に対してこれほど大きな衛星はめずらしく、太陽系には月以外にありません。

地球との大きさ・距離のちがい

地球の直径が約1万3000kmであるのに対し、月の直径は約3500kmで、地球の4分の1くらいです。また、地球と月は平均約38万4000km※離れています。これは、地球を30個ならべたくらいの距離です。

※月はだ円形の軌道で地球をまわっていて、地球と月の距離は約36万～約40万kmの間で少しずつ変化しています。

約38万4000km

距離は地球の直径の約30倍。

直径は地球の4分の1。

地球

▲ソニーの超小型人工衛星 EYE で宇宙から撮影した地球と月
©2024 Sony Group Corporation, KAGAYA

月の起源

　月の起源を説明した一番有力な説は「ジャイアント・インパクト説」です。この説では、できて間もない地球に、火星サイズの天体がしょうとつして飛び散った物質から月ができたとされています。月ができたばかりのころ、月と地球との距離は今よりずっと近く、しだいに遠ざかったものと考えられています。

ジャイアント・インパクトのイメージ

月の撮り方

KAGAYAさんに聞く！

月は夜空で最も明るい天体です。ほかの星よりも撮影しやすく、初めて天体写真を撮る人におすすめです。

ポイント1
望遠レンズやズーム機能で撮る

初めて月を撮ると、思ったより小さく写っておどろくかもしれません。肉眼では錯覚によって実際より大きく見えることがありますが、写真では錯覚がおきないからです。はく力ある月を撮りたいときは、遠くのものを大きく写す望遠レンズやズーム機能を使い、10倍以上で撮るのがおすすめです。

ズーム機能なしの写真。肉眼で見る印象よりずっと小さく写る。

ズーム機能ありの写真。肉眼で見る印象に近い大きさで写る。

高い位置にある月。比較するものがなく、大きさがわかりづらい。

低い位置にある月。橋と比較できるので、月が引き立って見える。

ポイント2
月が低い位置にあるときに撮る

月が低い位置にあるときは、街中のものや風景を入れて撮ることができます。そうすると、写真に風情が出たり、月が引き立って見えたりします。月が出る時間を調べておき、低い位置の月をねらって撮るとよいでしょう。

スマートフォンで撮るときのコツ

ズーム機能を使うか、スマホ用望遠レンズを使いましょう。オートモードの撮影では、月が明るすぎて白くつぶれることが多いので、明るさを暗めに調整して撮るのがコツです。

スマートフォンで撮影した月。

月といっしょに写すものから、離れて撮る

月は地球から遠く離れたところにあるので、地球上のどの場所から見ても大きさはほぼ変わりません。一方、街中のものや風景は離れるほど小さく見えます。この距離の差を利用し、月といっしょに写したいものから離れて望遠レンズを使うと、月を大きく撮ることができます。

花火から遠い高台で撮影。花火との対比で月が大きく見える。

灯台から遠い場所で撮影。拡大率を上げると巨大な月になる。

三日月は、空がまっ暗になる前の時間をねらう

三日月を撮るなら、空が完全に暗くなる前をねらうとよいでしょう。明るいうちなら、オートモードでピントが自動で合い、手持ちでもブレる心配がほぼありません。暗くなってから撮るときは、三脚を使いましょう。ほかの星といっしょに写すことができるのも細い月ならではです。

暗くなる前にオートモードで撮影した月。ブレずに写せる。

暗くなってから撮影するとシャッター速度がおそくなりブレやすい。

PICK UP!

観覧車から離れた場所から望遠レンズで撮影。月が大きく見える。

山ぎわにしずむ月。望遠鏡にカメラを取りつけると、超望遠レンズと同様の撮影ができる。カメラを取りつけられる望遠鏡、レンズ交換ができるカメラが必要。

✴ 監修・写真

星空写真家・プラネタリウム映像クリエイター
KAGAYA（カガヤ）

1968年、埼玉県生まれ。宇宙と神話の世界を描くアーティスト。プラネタリウム番組「銀河鉄道の夜」が全国で上映され観覧者数100万人を超える大ヒット。一方で写真家としても人気を博し、写真集などを多数刊行。星空写真は小学校理科の教科書にも採用される。写真を投稿発表するX（旧Twitter）のフォロワーは90万人を超える。天文普及とアーティストとしての功績をたたえられ、小惑星11949番はkagayayutaka（カガヤユタカ）と命名されている。
X：@ KAGAYA_11949　Instagram：@ kagaya11949

✴ 文　山下美樹（やました みき）

1972年、埼玉県生まれ。NTT勤務、IT・天文ライターを経て童話作家となる。幼年童話、科学読み物を中心に執筆している。主な作品に、小学校国語の教科書で紹介された『「はやぶさ」がとどけたタイムカプセル』などの探査機シリーズ（文溪堂）、「かがくのお話」シリーズ（西東社）など。日本児童文芸家協会会員。

月面図／KAGAYA
図解イラスト／高村あゆみ
デザイン／鷹觜麻衣子
編集／WILL（内野陽子・木島由里子）
DTP／WILL（小林真美・新井麻衣子）、藤城義絵
校正／村井みちよ

表紙写真　表：木々にしずむ満月（2021年 長野県）
　　　　　裏：明け方の細い月（2012年 埼玉県）
P.1 写真　観覧車と月（2019年 東京都）

星空写真家KAGAYA 月と星座
月

2025年1月　初版発行　　2025年3月　第2刷発行

監修・写真　KAGAYA
文　　　　　山下美樹
編　　　　　WILLこども知育研究所

発行所　株式会社金の星社
　　　　〒111-0056　東京都台東区小島1-4-3
　　　　電話　03-3861-1861（代表）
　　　　FAX　03-3861-1507
　　　　振替　00100-0-64678
　　　　ホームページ　https://www.kinnohoshi.co.jp
印刷　　株式会社 広済堂ネクスト
製本　　株式会社 難波製本

40ページ　28.7cm　NDC440　ISBN978-4-323-05271-7
乱丁落丁本は、ご面倒ですが小社販売部宛にご送付ください。
送料小社負担にてお取替えいたします。
© KAGAYA, Miki Yamashita and WILL 2025
Published by KIN-NO-HOSHI SHA, Ltd, Tokyo, Japan

 出版者著作権管理機構　委託出版物

本書の無断複写は著作権法上での例外を除き禁じられています。
複写される場合は、そのつど事前に出版者著作権管理機構（電話：03-5244-5088、FAX：03-5244-5089、e-mail：info@jcopy.or.jp）の許諾を得てください。

※本書を代行業者等の第三者に依頼してスキャンやデジタル化することは、たとえ個人や家庭内での利用でも著作権法違反です。

よりよい本づくりをめざして

お客様のご意見・ご感想をうかがいたく、読者アンケートにご協力ください。

←アンケートご記入画面はこちら

星空写真家
KAGAYA
月と星座

全5巻

監修・写真＊KAGAYA

文＊山下美樹　編＊WILLこども知育研究所

A4変型判　40ページ　NDC440（天文学・宇宙科学）　図書館用堅牢製本

月

春の星座

夏の星座

秋の星座

冬の星座

プラネタリウム映像や展覧会を手がけ、X（旧 Twitter）フォロワーは90万人以上の大人気星空写真家KAGAYAによる、はじめての天体図鑑。美しく神秘的な写真で数々の天体をめぐり、夜空の楽しみ方をガイドします。巻末コラムでは、撮影で世界を飛び回る KAGAYA に、天体観測や撮影のアドバイスを聞いています。天体学習から広がる楽しみがいっぱいのシリーズ。